AF475370

NOTICE

SUR LES

CARTOUCHES

POUR

ARMES DE GUERRE

ET NOTAMMENT SUR LA

CARTOUCHE POUR FUSIL CHASSEPOT

DIT MODÈLE 1866.

> Le fusil Chassepot est reconnu excellent, sauf la cartouche, que tous les pays d'Europe cherchent à améliorer.
>
> (*Discours du Président de la République*, séance du 8 juin 1872, *Journal officiel.*)

1873

NOTICE

SUR LES

CARTOUCHES

POUR

ARMES DE GUERRE

ET NOTAMMENT SUR LA

CARTOUCHE POUR FUSIL CHASSEPOT

DIT MODÈLE 1866.

> Le fusil Chassepot est reconnu excellent, sauf la cartouche, que tous les pays d'Europe cherchent à améliorer.
>
> (*Discours du Président de la République*, séance du 8 juin 1872, *Journal officiel*.)

1873

NOTICE

SUR LES

CARTOUCHES

POUR

ARMES DE GUERRE

ET NOTAMMENT SUR LA

CARTOUCHE POUR FUSIL CHASSEPOT

DIT MODÈLE 1866.

INTRODUCTION

La cartouche réglementaire, basée sur le principe de la combustion de son enveloppe, principe théorique que la pratique ne justifie pas, a présenté, pendant la dernière guerre, des inconvénients assez notables pour que M. Thiers, Président de la République, ait dû, dans un discours mémorable à l'Assemblée nationale [1], exhorter les hommes compétents à rechercher les perfectionnements désirables.

Dans ce discours, le Président de la République annonçait à la France que le fusil modèle 1866, de l'avis de tous les hommes de guerre, était la meilleure arme en usage dans les armées.

Par ces déclarations, M. Thiers semblait dire au Comité d'artillerie : Ne touchez pas à l'armement de l'infanterie française, mais recherchez avec soin le perfectionnement de la cartouche.

D'un autre côté, alors que notre armée permanente était prisonnière en Allemagne ou enfermée dans Paris ; quand il a fallu faire un appel puissant à la Nation pour opposer à l'invasion prussienne les forces vives de la France ; nos arsenaux étant démunis, on a dû faire à l'étranger de grands achats d'armes portatives avec leurs munitions indispensables.

C'est ainsi que le fusil Remington, ayant une cartouche à enveloppe métallique, a été introduit dans nos nouveaux corps d'armée.

Des ateliers civils mal outillés, sans apprentissage préalable, s'étaient promptement organisés pour confectionner des cartouches modèle 1866, devant servir aux armes fabriquées en toute hâte par nos manufactures.

Ces ateliers n'ont pu produire que des munitions défectueuses, alors que les cartouches à enveloppe métallique, fabriquées à l'étranger par des ateliers spéciaux formés depuis longtemps, ne laissaient relativement rien à désirer.

[1] Séance du 8 juin 1872.

De là les nombreux ratés, les accidents divers fournis par la cartouche réglementaire, pendant que les cartouches à enveloppe métallique donnaient en apparence des résultats comparativement supérieurs.

Par cet exposé, il est facile de comprendre et d'expliquer pourquoi l'élément civil, alors prépondérant, mais peu compétent en cette matière, se prononça énergiquement en faveur des cartouches à enveloppe métallique.

Lorsque la question de la modification de la cartouche réglementaire fut mise à l'ordre du jour, ce même élément civil, sans puissance ni prépondérance dans les affaires militaires, organisa, par la voie de la presse, une immense croisade en faveur de la cartouche à douille métallique, dans le but avoué, sans doute, de forcer la main au Comité d'artillerie.

Est-ce sous cette pression trop puissante que le Comité d'artillerie, quoique reconnaissant les inconvénients des cartouches à douille métallique, semblait vouloir, au dire des journaux, se prononcer en faveur de cette cartouche à laquelle il reconnaissait pourtant l'immense inconvénient de son poids trop lourd?

Le Gouvernement ordonna des expériences qui n'ont pas, jusqu'à ce jour, été assez probantes pour qu'une décision d'adoption ou de rejet ait pu être formulée.

Pendant ce temps, la maison Callebaut de Paris faisait des recherches dans le but de trouver une cartouche modèle, ne présentant aucun des inconvénients de la cartouche réglementaire et ayant tous les avantages de la cartouche à douille métallique.

Des expériences furent ordonnées au camp de Saint-Médard (Gironde) par le général commandant la 14e division militaire, sur l'invitation de M. le Ministre de la guerre.

Ces expériences ayant été éminemment favorables, il semble qu'il y ait intérêt à analyser la nouvelle cartouche au point de vue comparatif des cartouches réglementaires et des cartouches à douille métallique.

C'est ce que nous allons essayer de faire.

Des conditions des Cartouches pour armes de guerre.

Toute cartouche d'arme de guerre doit remplir les cinq conditions essentielles suivantes :

1° Conservation de la cartouche ;

2° Régularité, promptitude, sécurité et justesse de tir ;

3° Solidité de la cartouche ;

4° Facilité de fabrication ;

5° Économie sur le prix de revient.

I.

Conservation de la cartouche.

Pour assurer cette condition, dans des limites raisonnables et possibles, il faut une enveloppe pouvant mettre la poudre et la capsule à l'abri de toute influence atmosphérique et ne pouvant avoir aucune affinité chimique avec les parties constituantes de la charge.

Avant l'adoption des armes se chargeant par la culasse, la poudre et les capsules étaient enfermées sous triple ou quadruple enveloppe de papier ; mais depuis l'introduction, dans nos armées, des armes à tir rapide, il a fallu confectionner des cartouches toutes amorcées facilitant la rapidité du chargement.

Deux systèmes ont été mis en présence, savoir :

1° LE SYSTÈME DE CARTOUCHES COMBUSTIBLES ;

2° LE SYSTÈME DE CARTOUCHES A ENVELOPPE MÉTALLIQUE, laissant l'enveloppe pour résidu.

Le premier système entraînait forcément une enveloppe assez faible ; le second pouvait admettre toute espèce d'enveloppe rigide.

Le premier système rendait très-difficile l'imperméabilité de l'enveloppe ; le second, au contraire, rendait cette imperméabilité très-facile.

On a résolu la question par la cartouche modèle

1866 pour le premier système, et par la cartouche à douille de cuivre pour le second.

Si la première solution n'a pas résolu l'imperméabilité de l'enveloppe, en revanche aucune action chimique ne pouvait être exercée par cette enveloppe sur la poudre, et réciproquement.

Dans la seconde solution, si l'on a atteint l'imperméabilité désirable, a-t-on pu éviter toute réaction chimique de la poudre sur l'enveloppe? Il est permis d'en douter, car, lorsqu'on coupe, perpendiculairement à son axe, une cartouche à enveloppe métallique un peu ancienne, on aperçoit distinctement à l'œil une certaine décomposition de la poudre dans le voisinage de la douille en cuivre. — L'humidité de la poudre et sa composition chimique pouvaient faire pressentir certaines réactions décomposantes exercées par le contact du cuivre.

De ce qui précède, il semble résulter que si la cartouche réglementaire, ainsi que cela a été démontré par les faits, laisse à désirer pour sa conservation, l'expérience n'a pas encore prouvé que l'enveloppe métallique est sans influence sur la poudre. — Il semble qu'avant de proscrire l'une pour l'autre, on devrait au moins faire des essais assez concluants. — Il suffit qu'une décomposition partielle de la poudre puisse être pressentie pour qu'il soit jugé prudent de ne pas abandonner un système défectueux pour retomber dans un système également imparfait.

II.

Régularité, promptitude, sécurité et justesse de tir.

La seconde condition que doivent remplir les cartouches d'armes de guerre, comprend la RÉGULARITÉ, la PROMPTITUDE, la SÉCURITÉ et la JUSTESSE DE TIR.

La *régularité* du tir ne peut être obtenue que par des cartouches homogènes laissant toujours les mêmes résidus dans la chambre de chargement ou n'en laissant pas, de sorte que les mouvements de la charge de l'arme soient toujours les mêmes et exigent le même laps de temps.

Cette régularité n'est pas obtenue par la cartouche modèle 1866, pour les motifs suivants : elle laisse, après chaque coup tiré, tantôt la rondelle en caoutchouc et l'alvéole de la capsule collées ensemble à l'extrémité du dard de la tête mobile ; tantôt la rondelle en caoutchouc est seule adhérente à ce dard, la capsule reposant dans la chambre ; d'autres fois, la rondelle en caoutchouc à demi fondue pénètre, en tout ou en partie, dans l'œil de la tête mobile et rend le fonctionnement de l'aiguille plus difficile ; enfin, quelquefois les résidus de papier non brûlé adhèrent contre les parois de l'arme, au cône de raccordement de la chambre à l'âme, et rendent très-difficile, souvent dangereuse, l'introduction de la cartouche.

Toutes ces causes nuisent à la régularité des mouvements.

Dans l'emploi des cartouches métalliques, il y a moins de causes d'irrégularité, mais quand elles se présentent elles sont plus puissantes ; ces causes sont :

Un défaut dans le tube rigide, provenant soit de la fabrication, soit de chocs accidentels, rend l'introduction de la cartouche souvent difficile, quelquefois impossible ;

La rupture du tube dans la chambre de l'arme lors de l'explosion, rupture qui peut être due à un défaut de malléabilité du cuivre ou à un défaut de calibrage. Lorsque cet accident se présente, l'action du retire-culot est le plus souvent insuffisante et il faut avoir recours à l'emploi de la baguette.

La *promptitude* du tir est mieux remplie par les cartouches modèles 1866, lorsqu'elles ne laissent pas de résidus entravant la régularité du tir, que par les cartouches à douille métallique, parce que celles-ci exigent un mouvement de plus dans la charge. Il est vrai que les retire-culots sont faits pour projeter hors de la chambre le culot métallique, mais la pratique démontre que ce résultat n'est pas obtenu et qu'il faut, le plus souvent, faire usage de la main droite pour retirer le culot de la chambre.

La *sécurité* du tireur dépend à la fois de l'absence de *ratés*, ce qui donne confiance à l'homme ; de la faiblesse relative de *recul*, ce qui permet à l'homme d'épauler et de viser sans crainte; de l'absence de *crachement* qui peut, dans certaines armes, abîmer l'œil du tireur.

L'absence de *ratés* provient, non-seulement de la bonté du fulminate, mais encore de l'immobilité de la cartouche dans la chambre ; ce qui permet au percuteur ou à l'aiguille d'agir avec toute l'intensité développée par son ressort moteur. La cartouche modèle 1866, quelque bien calibrée qu'elle soit, présente très-souvent, dans la chambre, une certaine action de glissement qui diminue le choc du percuteur (aiguille). Il n'en est pas de même pour les cartouches à douille métallique, car le bourrelet du culot repose toujours sur une tranche du canon ; aussi voit-on, à bonté de fulminate égale, bien moins de ratés dans celles-ci que dans celles-là.

Le *recul* de l'arme est en raison inverse du poids de l'arme, en raison directe de la charge. Il est donc d'autant moins puissant que la charge est plus faible et que l'arme est mieux épaulée. Toutefois l'élasticité du caoutchouc du fusil modèle 1866 vient amortir le choc du recul, aussi observe-t-on qu'à poids égal et à charge égale le fusil modèle 1866 repousse moins que ceux faisant usage de cartouches à douille métallique.

Le *crachement* des armes se chargeant par la culasse a été, de tout temps, la cause prépondérante de leur refus en France.

Lorsqu'il a fallu se mettre à la hauteur de l'armement de l'infanterie prussienne, les plus sérieuses recherches ont été faites en France dans le but de faire disparaître tout crachement.

La solution obtenue par l'adoption du caoutchouc obturateur placé sur le verrou et agissant par dilatation circonférentielle a été très-heureuse, mais non exempte de tout inconvénient. En effet, par un temps trop froid, le caoutchouc perd toute élasticité et il arrive souvent que le premier coup tiré donne lieu à une fuite de gaz ; les coups suivants sont sans crachement, le caoutchouc ayant repris son élasticité sous l'action calorifique dégagée par la combustion de la première cartouche tirée. Toutefois, dans un tir à outrance, cette action calorifique allant sans cesse en augmentant d'intensité et les jets de poudre en feu étant plus ou moins en contact avec l'obturateur en caoutchouc, en passant autour de la rondelle de la tête mobile, il arrive que l'obturateur devient pâteux, perd toute élasticité et finit par fondre ; le crachement se produit alors avec une intensité croissante ; mais un tireur exercé s'aperçoit de ces phénomènes avant que l'accident puisse se produire, et il sait l'éviter en changeant l'obturateur, car il en a un de rechange.

D'après ce qui précède, on voit que le fusil modèle 1866, mis entre les mains d'hommes exercés, ne produira jamais de crachement nuisible au tireur vigilant.

Il n'en est pas de même pour les fusils utilisant les cartouches à douille métallique.

Dans ces armes l'obturation dépend de la cartouche. Or, ces cartouches sont à percussion centrale. Le percuteur emboutit le culot sous forme conique, le sommet du cône étant dirigé vers la bouche du canon, la base dirigée vers la culasse.

La poudre ayant pris feu, la pression des gaz s'effectue également dans tous les sens et par suite s'exerce sur le culot en sens contraire de l'emboutissage fait par le percuteur; il y a alors déchirure du cuivre dans le culot autour du percuteur, et par suite fuite de gaz ou crachement plus ou moins intense.

Cette déchirure a toujours lieu dans les armes de guerre; il ne restait donc, puisque cet effet est inévitable, qu'à le rendre moins nuisible pour les tireurs.

Dans certains fusils, au moyen d'une visière appropriée, on a fait rejeter ces crachements le long du canon vers la bouche (Remington).

Dans d'autres, au contraire, on ne s'est pas préoccupé du soldat, et les jets gazeux enflammés atteignent le tireur (Snider ou fusil à tabatière).

Au point de vue de la sécurité, les cartouches combustibles, comme les cartouches à douille métallique, présentent donc des inconvénients forts graves.

La *justesse du tir* dépend, toutes choses égales d'ailleurs, du *centrage de la balle* suivant l'axe du canon, de la *vitesse initiale* du projectile et de la *propreté du canon*.

Faire *coïncider l'axe de la balle avec l'axe du canon* paraît, *à priori,* chose fort aisée pour les armes se chargeant par la culasse qui sont toutes à balles forcées; pourtant, en pratique, cela n'est pas aussi facile à obtenir qu'on le croit.

En effet, dans le fusil Chassepot, malgré qu'on ait eu bien soin de recouvrir fort exactement la balle de deux épaisseurs de papier, malgré que la cartouche soit exactement calibrée de longueur, il arrive toujours, dans le chargement, que la balle ne force pas directement dans le cône de raccordement du calibre à l'âme, par suite, que son axe ne coïncide jamais avec l'axe du canon.

Dans les armes à cartouches métalliques, le même phénomène a lieu, car la cartouche doit être arrêtée par la tranche du canon ; alors la balle, malgré la rigidité de la cartouche, et vu le jeu nécessaire entre les diamètres de la chambre et de la cartouche, repose sur la partie inférieure du cône de raccordement de la chambre à l'âme, son axe faisant un angle fort aigu avec l'axe du canon.

Ces axes ne coïncidant pas, et la balle étant malléable, la rotation imprimée à la balle par les rayures de l'arme doit s'effectuer autour d'une ligne droite qui ne coïncide pas mathématiquement avec son axe. Dès lors, il doit se produire une déviation que le sens des rayures peut quelquefois compenser, mais aussi quelquefois doubler. C'est ce qui explique les écarts de tir que l'on constate au chevalet et avec une même arme et des cartouches exactement similaires.

La *vitesse initiale* du projectile influe évidemment sur la tension de sa trajectoire, et par suite sur la justesse du tir. Or, cette vitesse initiale sera d'autant plus grande, à charges égales, que les produits gazeux de la combustion de la poudre agiront avec moins de déperdition sur le projectile : c'est-à-dire que les cartorches combustibles tirées dans le fusil modèle 1866 donneront aux balles une vitesse initiale supérieure aux cartouches métalliques tirées dans un fusil approprié, car nous avons prouvé que, toutes choses égales d'ailleurs, les cartouches métalliques donnaient toujours lieu à des crachements variables dans leurs intensités.

La *propreté du canon* dépend des résidus de la combustion des cartouches.

Il est clair que ces résidus sont ou doivent être plus considérables dans les cartouches combustibles que dans les cartouches métalliques, puisque les matières brûlées dans les premières cartouches sont plus nombreuses que dans les secondes.

Ces résidus forment encrassement dans les rayures de l'arme et sur les parois, ils finissent par s'accumuler et donnent une épaisseur relativement considérable, amoindrissant la profondeur efficace des rayures et par suite diminuant la vitesse et la régularité de rotation du projectile, d'où une cause sensible d'irrégularité au fur et à mesure que le tir se prolonge.

III.

Solidité de la cartouche.

La *solidité de la cartouche* est essentielle, car elle contribue pour une large part à sa conservation.

Dans les cartouches modèle 1866 cette solidité est réellement insuffisante, malgré les soins de leur mise en boîte. En effet, toute boîte défaite laisse les cartouches libres dans la giberne ; dès lors une marche saccadée fait naître des cahotements qui finissent par détacher la balle de l'étui à poudre.

Dans la dernière guerre, on a vu plus de 20 p. 100 de ces cartouches mises hors de service pour ce motif. Et qu'on ne dise pas que cette cartouche peut servir même étant en deux parties ; évidemment on comprend qu'on puisse introduire la balle d'abord et l'étui à poudre ensuite, mais alors que devient la rapidité de tir qui a été le but prédominant de l'adoption des armes se chargeant par la culasse ?

Les cartouches métalliques ont sur les précédentes une incontestable supériorité pour la solidité ; mais elles exigent l'absence de tout bossellement, ce qui implique un emballage dispendieux. Tout le monde sait que l'enveloppe métallique n'est pas élastique, par suite qu'un bossellement dépassant le vent laissé entre la chambre et le calibre de la cartouche empêche le chargement et met ainsi la cartouche hors de service. Aussi malgré sa supériorité de solidité, la cartouche métallique n'est-elle pas exempte d'inconvénients.

IV.

Facilité de fabrication.

La facilité et la promptitude de fabrication sont des questions on ne peut plus importantes pour les cartouches d'armes de guerre.

La dernière guerre nous a fourni des exemples déplorables de soldats fuyant l'ennemi parce qu'ils n'avaient plus de cartouches et d'ateliers nationaux et civils ne pouvant pas satisfaire aux besoins de nos armées. Pourquoi ?

C'est qu'on s'était écarté de l'ancien principe admis avant l'adoption des armes se chargeant par la culasse, principe reconnaissant la nécessité d'avoir une cartouche qui pût rigoureusement être fabriquée par le soldat en campagne.

Nous avons été singulièrement surpris, lorsque nous avons rappelé cet ancien principe tutélaire à certains officiers de notre armée, de leur entendre dire que ce principe n'était plus applicable aujourd'hui parce que la guerre ne s'éternise plus, et parce que les évolutions stratégiques emploient le secours et le concours des voies ferrées.

Nous persistons à croire que ces officiers, dont nous reconnaissons les hautes capacités et le mérite personnel, ne se sont pas rendu un compte bien exact des exigences de la guerre moderne, peut-être parce qu'ils n'ont en vue qu'une guerre défensive sur le sol national. C'est malheureusement ainsi qu'a été conduite notre dernière guerre, et cela parce que l'état-major prussien, pendant que nous nous endormions sur le souvenir de nos gloires passées, mettait à profit, pour les utiliser contre nous, les célèbres maximes et les immortels exemples de Napoléon Ier.

Au nombre de ces maximes figurent celles-ci, que nous ne devrions plus oublier :

« 1° Le premier devoir d'une nation militaire en état

« de guerre, c'est de combattre dans le pays ennemi « et d'éloigner du sol national le fléau dévastateur.

« 2° Tout général commandant une armée doit « veiller avec sollicitude sur ses convois, mais il « doit, par tous les moyens possibles, s'emparer des « convois ennemis.

« 3° Il ne suffit pas de priver l'ennemi de ses con- « vois, il faut aussi, le plus possible, les utiliser contre « lui. »

C'est en application de ces principes que nos pères avaient admis comme axiome cette vérité aujourd'hui mise au rebut :

« Il faut des cartouches que les soldats puissent « faire en campagne, afin d'utiliser les convois pris « sur l'ennemi. »

N'est-il pas singulièrement étrange que ce principe, mis en pratique dans nos armées pendant la période de nos plus grandes gloires militaires, puisse être mis de côté aujourd'hui, alors qu'il est possible de le faire utilement revivre?

Serait-ce parce que les armes actuelles exigent le triple de munitions qu'il faut s'interdire la faculté de pouvoir les produire avec abondance?

Nous pensons qu'il y a lieu plus que jamais, pendant que les autres puissances s'écartent de ces principes immuables, de nous en rapprocher le plus possible.

Les cartouches modèle 1866 ne résolvent pas la question, car leur fabrication est trop minutieuse, trop délicate ; elle exige de trop grands éléments pour qu'il soit possible d'en confier la confection à des mains inexpérimentées.

Toutefois, elles présentent cet avantage incontestable : c'est qu'en tous lieux, avec un peu de soins, sans outillage coûteux, ni difficile à se procurer, il est facile de former des ateliers de fabrication.

Il n'en est pas de même des cartouches à douille métallique. Pour les produire, il faut un matériel mécanique puissant, difficile à installer, ce qui rend impossible leur fabrication en dehors d'ateliers spéciaux.

Pour nous, comme pour tout militaire sérieux, examinée au point de vue de la facilité de fabrication, la préférence doit être accordée aux cartouches combustibles sur les cartouches métalliques.

Les personnes qui n'étudient les faits qu'au point de vue superficiel, en voyant l'Amérique, l'Angleterre, la Belgique adopter des armes utilisant les cartouches métalliques, en ont conclu que ces cartouches devraient être préférées à toutes les autres. Cette conclusion nous paraît d'autant plus forcée que ces puissances sont dans des situations bien différentes de la nôtre.

En Amérique, la guerre entre le Nord et le Sud nous en offre un exemple mémorable, les conditions stratégiques sur un aussi vaste échiquier ne sont plus les mêmes qu'en Europe ; de plus, l'industrie privée a la liberté de la fabrication des armes de guerre et de leurs munitions.

En Angleterre, sa position insulaire commande une guerre défensive, et chez cette puissance encore la fabrication des armes de guerre et de leurs munitions est libre.

En Belgique, sa neutralité politique défend toute guerre offensive, et chez elle encore le Gouvernement ne monopolise pas la fabrication des armes.

En France, au contraire, les guerres défensives sont les plus rares ; ce sont des accidents dans nos fastes militaires, et le Gouvernement, pour des raisons de sage prudence, interdit la fabrication des armes de guerre et de la poudre. Tout se trouve concentré dans des manufactures spéciales dont l'insuffisance peut devenir notoire dans un moment donné.

Faut-il, dans des conditions si dissemblables, imiter ce qui se fait chez nos voisins, ou bien chercher à résoudre la question suivant les conditions spéciales dans lesquelles nous nous trouvons placés ?

La réponse ne saurait être douteuse ; aussi regardons-nous comme une profonde et bien regrettable erreur la croisade entreprise en faveur des cartouches métalliques.

V.

Économie sur le prix de revient.

L'*économie dans le prix de revient* des cartouches d'armes de guerre est une question fort importante pour toutes les puissances militaires ; mais pour nous, dans les conditions spéciales de nos immenses charges publiques, c'est une question capitale.

Avec la nouvelle loi militaire, si son application n'est pas vaine, nous aurons 1,200,000 hommes au moins qui seront annuellement exercés aux manœuvres militaires et au tir. Or, tous les ans, rien que pour les exercices de tir, on dépense 72 cartouches par homme ; en y comprenant les cartouches à blanc dépensées dans les grandes manœuvres, c'est être au-dessous de la vérité que de fixer à 100 cartouches la dépense annuelle faite par chaque homme de troupe.

Nous aurons donc annuellement à faire face à une dépense de 120 millions de cartouches, toute économie de cartouches se traduisant par un défaut d'instruction chez le soldat.

Or, quel que soit le prix de la cartouche réglementaire, celui de la cartouche métallique sera toujours beaucoup plus élevé ; aussi, à ce point de vue, l'adoption de la cartouche à douille métallique doit faire singulièrement réfléchir tout homme sérieux, également soucieux de notre grandeur militaire et des finances publiques.

CONCLUSION

Nous avons exposé, point par point, le pour et le contre des cartouches combustibles et des cartouches à douille métallique. Dans l'état actuel de notre armement, M. Thiers l'a dit, il faut modifier la cartouche en usage, car elle est reconnue défectueuse.

Or, nous venons de voir que la cartouche métallique a aussi des défauts essentiels, que nous avons signalés, sans compter ceux qu'une pratique journalière pourra encore dévoiler.

En présence de ces faits, peut-on se prononcer doctoralement sur une question aussi grave et aussi importante?

A priori, il nous semble étrange que l'on puisse sacrifier une arme reconnue excellente par les hommes les plus compétents au profit d'une nouvelle cartouche; il nous paraîtrait plus rationnel de restreindre la question comme M. Thiers l'a circonscrite, savoir: conservation du Chassepot et perfectionnement de la cartouche, et non pas modification du Chassepot pour l'adoption d'une cartouche qui n'a pas encore fait ses preuves.

Nous savons que des officiers d'un savoir incontestable critiquent, peut-être non sans raison, la délicatesse et la fragilité de certaines pièces du Chassepot; mais de là en induire que l'arme doit être proscrite, au lieu de chercher à faire disparaître cette délicatesse et cette fragilité, nous paraît peu raisonnable.

Et puis, en admettant comme vraie l'assertion de certains journaux, que la transformation du Chassepot, pour y adapter la cartouche métallique, coûtera à la France 35 millions, ne sommes-nous pas en droit de dire :

Est-il raisonnable, dans l'état actuel de nos finances, de nous lancer dans une semblable dépense, lorsque notre matériel d'artillerie exige impérieusement d'être reconstruit à neuf?

Les inconvénients du fusil à aiguille prussien, son infériorité incontestée sur notre Chassepot, ses crachements, sa cartouche en papier, ont-ils empêché les Prussiens d'être victorieux?

Est-il sage, alors que l'armée prussienne occupe encore quatre départements français et la position stratégique de Belfort, de modifier notre armement? — Poser de semblables questions, c'est les résoudre; aussi, pensons-nous que la Commission d'étude des cartouches portera son attention sur les cartouches n'exigeant aucune modification dans l'armement, plutôt que sur celles qui exigeraient une transformation radicale de l'arme aujourd'hui en usage dans l'armée.

CARTOUCHES CALLEBAUT

dites à étui-chassé.

Au nombre des cartouches n'exigeant aucune modification du fusil Chassepot, figure la cartouche Callebaut, dite cartouche à *étui-chassé*.

Le fonctionnement de cette cartouche est tout différent de celui des cartouches combustibles et des cartouches métalliques ; l'étui rigide est projeté hors du canon et tombe à quelques pas du tireur.

C'est à cette fonction du tube à culot qu'est dû le nom de cartouche à étui-chassé.

Cette cartouche réunit tous les avantages des cartouches combustibles et des cartouches métalliques sans en avoir les inconvénients ; pour le démontrer, nous allons reprendre une à une les conditions exigées pour les cartouches d'armes de guerre, et nous verrons que la nouvelle cartouche remplit d'une manière complète, et mieux qu'aucune autre, toutes les conditions requises.

Conservation de la cartouche.

L'étoffe en jaconas étant rendue imperméable au moyen d'un vernis approprié, la nouvelle cartouche peut impunément être complétement immergée dans l'eau pendant un temps assez long sans que la poudre, ni le fulminate de la capsule soient atteints par l'humidité. Dès lors cette cartouche n'a rien à redouter d'un passage de rivière, ni du séjour dans un magasin humide; la poudre étant en contact avec les parois du tube qui, par sa matière, ne peut exercer ni subir aucune influence décomposante.

D'où il suit que, sous le rapport de la conservation, elle est à la fois supérieure aux cartouches modèle 1866 et aux cartouches à douille métallique.

Régularité, promptitude, sécurité et justesse de tir.

La *régularité* dans les mouvements du tir est parfaite. Les expériences officielles faites à Saint-Médard ont démontré qu'aucune parcelle de bois ne restait dans la chambre de chargement; les seuls résidus de cette cartouche sont la rondelle en caoutchouc et bien rarement l'alvéole de la capsule. En inclinant légèrement l'arme de gauche à droite, après chaque coup, ces résidus disparaissent.

La rondelle en caoutchouc, grâce à son grand diamètre, ne fond jamais et ne pénètre pas dans la chambre de crasse de la tête mobile; par suite, le fonctionnement de l'aiguille reste toujours le même.

Le calibrage de cette cartouche se fait naturellement, car les tubes sont fabriqués sur des dimensions toujours les mêmes; par suite, l'introduction de cette cartouche dans la chambre de chargement libre de tout résidu reste toujours facile, égale et exempte de danger.

Nous avions démontré que les cartouches combustibles présentaient plus de régularité dans leur chargement que les cartouches métalliques, et nous venons d'établir que la nouvelle cartouche présentait une régularité encore plus grande que les cartouches combustibles ; d'où il suit que la nouvelle cartouche, à ce point de vue, est de beaucoup supérieure aux cartouches usitées aujourd'hui.

La *promptitude du tir* est exceptionnelle avec la nouvelle cartouche, car jamais un résidu importun ou nuisible ne vient apporter de retard dans le chargement ; elle n'exige que cinq temps comme la cartouche combustible. A ce point de vue encore cette cartouche est supérieure aux cartouches combustibles et aux cartouches métalliques.

Les expériences faites à Saint-Médard ont prouvé que dans un tir à volonté, sans perte de temps, un homme a pu tirer 150 des nouvelles cartouches, pendant qu'on ne pouvait tirer que 101 cartouches combustibles modèle 1866.

La *sécurité du tireur* est complète avec la nouvelle cartouche.

En effet, sur 1,089 cartouches tirées à Saint-Médard, on n'a constaté qu'un seul raté provenant d'une capsule non munie de son fulminate.

Les 25 tireurs employés aux expériences de Saint-Médard ont constaté, à l'unanimité, que cette cartouche donnait lieu à un recul moindre que celui des cartouches réglementaires.

Enfin, malgré 207 cartouches tirées consécutivement dans le même fusil et sans perte de temps, le caoutchouc obturateur est resté parfaitement intact, fonctionnant toujours efficacement, alors qu'après 85 cartouches réglementaires tirées dans une autre arme, le caoutchouc obturateur s'est fondu en partie et a donné lieu à des crachements.

Ces constatations si importantes sembleraient presque fantaisistes si nous nous abstenions d'en indiquer les causes théoriques.

L'absence de *ratés* provient, comme nous l'avons expliqué pour les cartouches métalliques, de la rigidité constante de la nouvelle cartouche.

La diminution dans l'intensité du *recul* est un effet direct de la longueur de la nouvelle cartouche, dont la balle est constamment forcée exactement dans le cône de raccordement, à la naissance des rayures, tandis que, comme nous l'avons expliqué, dans les cartouches combustibles comme dans les cartouches à douille métallique, leurs balles ne portant pas contre les parois de l'arme, elles n'arrivent sur les rayures qu'avec une vitesse initiale acquise, par suite, il y a un choc dont le contre-coup se fait sentir à l'épaule du tireur.

La *conservation du caoutchouc obturateur* est la conséquence du fonctionnement de la rondelle en caoutchouc qui ferme le tube de la nouvelle cartouche.

Nous avons vu, en effet, que cette rondelle avait un diamètre de 13 millimètres. Or, reposant sur la tête mobile et soumise à l'action de compression des gaz de la poudre, cette rondelle élastique s'étend circonférentiellement et vient faire, dans la chambre de chargement, qui a 14 millimètres 5 de calibre, une obturation première qui garantit l'obturateur du verrou de l'atteinte d'un trop grand calorique.

La *justesse de tir* de la nouvelle cartouche est de beaucoup supérieure à celle des autres systèmes de cartouches ; nous avons démontré dans la première partie de ce mémoire que cette justesse était une fonction du centrage de la balle, d'une plus grande vitesse initiale et de l'état de propreté du canon, nous avons à prouver que ces conditions sont mieux remplies par la nouvelle cartouche que par toutes les autres.

Le *centrage de la balle* est toujours parfait dans la nouvelle cartouche, car cette cartouche ayant 4 1/2 millimètres de longueur de plus que la cartouche réglementaire, il s'ensuit que la balle est forcée dans le cône de raccordement de la chambre à l'âme, tandis que la tête mobile porte exactement dans le centre du tube. Notons en passant que le forcement de la balle n'exige aucun effort de la part du tireur, le tassement de la poudre dans le tube permettant à la tête mobile de pénétrer dans ce tube en reposant sur le caoutchouc protecteur de la capsule.

La *vitesse initiale* imprimée à la balle est plus grande dans la nouvelle cartouche que dans les autres, pour deux raisons :

La première, parce qu'il y a absence de *crachement;* par suite, que tous les gaz de la poudre agissent sans déperdition sur la balle ;

La seconde, parce que la balle n'éprouvant aucun choc au départ ne voit pas sa vitesse initiale ralentie.

Enfin, la nouvelle cartouche entretient le canon dans un état de propreté relativement parfait. En effet, le tube recouvert d'étoffe ayant à sa partie cylindrique un diamètre de 13 1/2 millimètres, se trouve comprimé circonférentiellement en passant par le cône de raccordement de la chambre à l'âme ; il se brise alors en lamelles adhérentes au culot en formant un corps élastique qui, étant projeté hors du canon, nettoie à chaque coup les parois intérieures de l'arme.

D'après ce qui précède, on voit clairement que sous le quadruple rapport de la *régularité*, de la *promptitude*, de la *sécurité* et de la *justesse de tir*, la nouvelle cartouche est de beaucoup supérieure aux cartouches combustibles et aux cartouches à douille métallique.

Solidité de la cartouche.

La solidité de la cartouche Callebaut ne le cède en rien à celle de la cartouche métallique, mais elle possède sur celle-ci l'incontestable avantage de pouvoir être à demi écrasée sans pour cela être mise hors de service. La balle est presque aussi fortement attachée à l'étui à poudre que dans la cartouche à douille métallique; cette cartouche est aussi propre au toucher que cette dernière.

Il suit de là que la nouvelle cartouche possède, de ce chef, tous les avantages de la cartouche métallique sans en avoir les inconvénients.

Facilité et promptitude de fabrication.

Étant donné l'étui à poudre, aucune cartouche pour arme de guerre se chargeant par la culasse n'est plus facile et plus prompte à confectionner que ne l'est la cartouche Callebaut.

Par la division du travail, une jeune fille peu expérimentée, un soldat peu intelligent peut en fabriquer 200 en dix heures de travail, sans le secours d'aucune machine ni d'aucun outil spécial. Elles peuvent être faites dans tous les corps d'infanterie avec la plus grande facilité et la plus grande précision.

Si on se rappelle que dans nos manufactures spéciales on ne peut fabriquer, par jour de dix heures de travail et par ouvrier, que 85 cartouches réglementaires, ou 150 cartouches métalliques avec le secours d'un puissant et coûteux outillage, on comprend l'immense avantage de la nouvelle cartouche.

Si la matière composant l'étui à poudre était indispensable pour la confection de cette cartouche, on pourrait craindre que dans certaines situations spéciales les troupes d'infanterie ne pussent se livrer à la confection desdites cartouches. Heureusement, grâce au principe de l'entraînement qui est le principe du mode d'action de la nouvelle cartouche, on peut, rigoureusement, en campagne, dans un moment donné, substituer, à la matière composant l'étui, un tube en papier fabriqué sur un mandrin approprié; tout papier mince pouvant être utilisé à cette fabrication.

Il suit de ce qui précède que la nouvelle cartouche remplit toutes les conditions recherchées autrefois pour les cartouches d'armes de guerre se chargeant par la bouche, et que, si un convoi de poudre ou de munitions ennemies peut être enlevé par nos armées, celles-ci pourront en faire usage contre l'ennemi.

Économie dans le prix de revient.

Aux avantages sans nombre de la nouvelle cartouche, il faut ajouter encore son prix économique.

Elle présente sur la cartouche réglementaire, en dehors d'une économie incontestable sur son prix de revient, l'économie non moins grande résultant de l'absence relative de ratés et de sa bonne conservation.

Elle présente sur le prix des cartouches métalliques une économie encore plus considérable sans présenter aucun inconvénient dans l'usage.

L'adoption de la nouvelle cartouche comparée à la cartouche réglementaire et à la cartouche métallique ferait réaliser, pour nos armées futures, une économie annuelle de plusieurs millions.

OBSERVATIONS.

Nous avons dit que la nouvelle cartouche ne nécessitait aucune modification dans le fusil modèle 1866; les expériences faites à Saint-Médard ont démontré cette vérité d'une manière indiscutable; toutefois, il est bon de constater d'où proviennent les critiques fondées qu'on a le droit de faire au fusil Chassepot pour faire comprendre que la nouvelle cartouche en atténue considérablement la portée.

Tout le monde sait que l'on donne au soldat plusieurs pièces de rechange qui sont, savoir :

1° Un grand ressort moteur;

2° Une tête mobile;

3° Une rondelle obturateur;

4° Deux aiguilles.

Le grand ressort moteur, dit ressort à boudin, dans le tir des cartouches réglementaires, s'échauffe et s'encrasse considérablement après quelques coups tirés, les jets de poudre enflammés suivant le canal de l'aiguille pour arriver à ce ressort qui finit par se détremper et casser [1].

[1] L'affaiblissement de la trempe est très-grave; c'est à cette cause qu'on attribue avec raison le défaut des fusils qui s'arment au choc de la crosse sur le sol; le ressort perdant de son élasticité, l'aiguille n'a plus la vigueur nécessaire pour enflammer le fulminate de la cartouche.

Avec la nouvelle cartouche rien de semblable ne peut arriver; car, grâce à la rondelle en caoutchouc de 13 millimètres de diamètre qui reste adhérente au dard de la tête mobile, aucune fuite de gaz ne peut pénétrer dans la culasse mobile, cette rondelle faisant obturation parfaite du trou de l'aiguille.

Il a été constaté comparativement à Saint-Médard qu'un fusil ayant tiré 9 cartouches réglementaires avait son grand ressort fortement encrassé, tandis qu'un fusil similaire, après 35 nouvelles cartouches tirées, ne présentait au ressort ni à son porte-ressort aucune trace d'encrassement.

Nous sommes donc en droit de conclure que la nouvelle cartouche, protégeant le ressort moteur, on pourrait rigoureusement s'abstenir d'en donner un de rechange au soldat.

Avec les cartouches réglementaires la chambre de crasse de la tête mobile, dans laquelle viennent se loger les petites rondelles en caoutchouc en partie fondues, finit par se remplir et empêcher toute action de l'aiguille. Cette tête mobile doit être mise alors hors de service, car son nettoyage est presque impossible.

Avec la nouvelle cartouche, rien de semblable n'arrive, la rondelle en caoutchouc de 13 millimètres ne pouvant pas se fondre et ne pouvant non plus, grâce à sa grande dimension, pénétrer dans la tête mobile.

Partant nous pouvons conclure que rigoureusement on peut se dispenser de donner une tête mobile de rechange au soldat.

Nous avons démontré (folios 13 et 34), quelles étaient les causes de dégradation du caoutchouc obturateur avec les cartouches réglementaires, et nous avons prouvé qu'avec les nouvelles cartouches, ce caoutchouc obturateur se conservait intact. Nous ne reviendrons donc pas sur ce point.

Puisqu'on donne deux aiguilles de rechange à chaque soldat, c'est qu'on a reconnu que c'était là l'organe le plus fragile de l'arme Chassepot.

La fragilité de cette aiguille tient à son faible diamètre, et si nous observons que toutes les aiguilles se cassent au dard, à hauteur de l'œil de la tête mobile, le chien étant à l'abattu, nous pouvons conclure que ce bris provient de l'action de la petite rondelle en caoutchouc réglementaire lorsqu'elle pénètre avec force dans la chambre de crasse.

Si cette rondelle, comme nous l'avons démontré pour la nouvelle cartouche, ne pénétrait jamais dans la tête mobile, nous aurions éloigné une des causes principales du bris de l'aiguille.

Les expériences faites à Saint-Médard ont prouvé que la nouvelle cartouche ménageait fortement l'aiguille.

Il est clair que si l'aiguille du Chassepot avait un diamètre double, sa résistance à la rupture serait quadruple, et par suite sa cassure fort rare avec les cartouches réglementaires et impossible avec les nouvelles cartouches.

Il est donc permis de se demander pourquoi le Comité d'artillerie a adopté une aiguille d'un aussi faible diamètre.

La raison en est simple : pour le jeu de l'aiguille dans l'œil de la tête mobile, il faut qu'il existe un certain vide entre la circonférence de l'aiguille et la circonférence de l'œil de la tête mobile. Plus l'aiguille sera grosse et plus cette circonférence sera grande et plus aussi sera grand l'espace par lequel les jets de poudre enflammée pénètrent dans l'intérieur de la culasse mobile. Or, avec les dimensions actuelles et la cartouche réglementaire, cet espace, quelque restreint qu'il soit, est pourtant suffisant pour mettre le ressort moteur hors de service ; que serait-ce si cet espace était doublé ?

La nouvelle cartouche, par sa grande rondelle en caoutchouc et par son fonctionnement, nous l'avons déjà vu, bouche entièrement cet espace et le boucherait encore également bien si cet espace était double en longueur. Nous pensons donc qu'avec la nouvelle cartouche, on pourra, sans aucun inconvénient, doubler le diamètre de l'aiguille et par suite quadrupler sa résistance.

Nous ne terminerons pas cette courte notice sans parler d'un inconvénient assez grave qui occasionne parfois de sérieux accidents.

Quelque bien calibrées que soient les cartouches réglementaires, il arrive souvent qu'il faut agir par percussion avec le verrou pour les faire pénétrer dans la chambre et pour pouvoir fermer ledit verrou. Dans cette action de percussion, qui s'exerce sur la capsule imparfaitement protégée par la petite rondelle en caoutchouc, il arrive parfois que le coup part, le verrou n'étant pas à l'arrêt ; de là de nombreux et graves accidents dont les soldats sont victimes.

Avec les nouvelles cartouches, cet accident n'est plus à redouter pour les raisons suivantes :

1° La chambre de chargement, se trouvant nettoyée à chaque coup tiré, se trouve toujours dans un état de propreté suffisant pour que le chargement n'exige aucun effort ;

2° Les nouvelles cartouches étant toujours calibrées naturellement, l'effort de chargement reste constamment le même ;

3° La pression de la tête mobile sur la capsule se trouve toujours amortie par la grande rondelle en caoutchouc de la cartouche; de plus, si un effort était nécessaire, le choc du verrou sur la cartouche serait sans effet sur la capsule, qui s'enfoncerait dans la charge de poudre incomplétement tassée à dessein.

Ainsi la cartouche Callebaut n'exige aucune modification du fusil Chassepot et pallie grandement les défauts de fragilité que l'on a cru devoir reprocher à cette arme, excellente sous les autres rapports.

Toutefois, on pourrait profiter de la nouvelle cartouche pour donner à l'aiguille un diamètre de 3 millimètres au lieu de celui de 1 1/2 qu'elle a aujourd'hui ; la réparation à faire à la tête mobile et à la culasse (agrandissement des trois guides) est assez facile pour être faite promptement et à très peu de frais dans tous les régiments par les maîtres armuriers des corps.

En même temps peut-être serait-il utile de faire la tranche de la boîte de culasse, sur laquelle repose le talon du verrou, non plus en ligne droite, suivant un plan perpendiculaire à l'axe, mais bien partie en plan incliné et partie comme elle est.

Cette modification pourrait faire éviter tout choc de la tête mobile contre la capsule de la cartouche dans le cas d'une cartouche trop forte.

En effet, tant par la tolérance des chambres de chargement que par la tolérance indispensable à la longueur fixe de la cartouche, il faut admettre une variante de 2 à 3 millimètres pour la fermeture sans effort du verrou. Si donc une cartouche trop forte empêche la fermeture à 3 millimètres près, le talon du verrou sera à 3 millimètres en arrière de la tranche de la boîte de culasse; si on joint ce point à 12 millimètres du fond de la tranche par un plan incliné à angles arrondis, on n'aura plus à exercer d'action de percussion pour enfoncer la cartouche, une simple pression du levier du verrou sur le plan incliné remplacera ce choc dangereux et permettra la fermeture dudit verrou.

Nous avons dit que l'on conserverait une partie des 12 millimètres de la tranche perpendiculaire à l'axe du canon, cette partie étant nécessaire pour le repos du renfort du verrou dans l'action du recul.

En terminant la présente notice, nous dirons que, selon notre manière de voir, l'adoption de la cartouche Callebaut, la modification de l'aiguille du fusil Chassepot et le plan incliné de la tranche d'arrêt constituent les seuls perfectionnements à apporter à l'armement de nos troupes.

Comme ces perfectionnements, loin d'être dispendieux et longs, sont économiques et rapides, nous pouvons conclure, en rendant hommage à la haute sagacité de M. le Président de la République, qui, depuis un an, en faisant appel à l'initiative des citoyens français, n'a jamais douté qu'il fût possible de modifier la cartouche réglementaire sans toucher à aucun des principes du fusil modèle 1866, une des plus parfaites des armes aujourd'hui en usage dans les armées.

P. GANDEL,
Ingénieur, ancien Officier.

Clichy.—Impr. Paul Dupont et Cie, 12, rue du Bac-d'Asnières.

Afin de rendre plus sensible l'incontestable avantage comparatif de la cartouche Callebaut, nous allons, sans crainte de nous répéter, mettre, dans le tableau ci-dessous, en parallèle, les trois systèmes de cartouches que nous venons d'étudier.

	CARTOUCHE MODÈLE 1866.	CARTOUCHE A DOUILLE MÉTALLIQUE.	CARTOUCHE CALLEBAUT A ÉTUI-CHASSÉ
Conservation de la cartouche.	Sujette à l'humidité.	A l'abri de l'humidité, mais poudre pouvant être décomposée.	A l'abri de l'humidité et de la décomposition de la poudre.
Régularité du tir.	Défectueuse par suite des résidus.	Laissant à désirer par le bossellement des tubes ou par leur rupture.	Toujours homogène par l'absence de résidus et par l'étui qui est constamment chassé hors du fusil.
Promptitude du tir.	Ordinaire, la chambre de chargement n'étant pas toujours nette.	Lente, parce que, d'une part, la charge exige un temps de plus et que, d'autre part, le retire-étui n'est pas toujours efficace.	Supérieure, la chambre étant constamment propre et l'étui constamment projeté hors du canon.
Ratés.	Nombreux, provenant du glissement de la cartouche dans la chambre.	Rares, la cartouche étant rigidement fixée avant l'action du percuteur.	Impossibles, si on n'a pas oublié de charger la capsule.
Recul.	Amorti par le caoutchouc obturateur, mais assez puissant par suite du choc de la balle sur les rayures au départ.	Plus grand que pour le Chassepot, le choc de la balle sur les rayures étant le même, mais n'étant pas amorti par l'obturateur en caoutchouc, qui n'existe pas.	Très-faible; pas de choc de la balle au départ ; caoutchouc fonctionnant toujours bien.
Crachements.	Rares, le caoutchouc obturant très-bien s'il n'est pas congelé ni brûlé.	Constants, mais plus ou moins nuisibles au tireur et constamment nuisibles à la portée de l'arme.	Impossibles, le caoutchouc de la cartouche donnant à chaque coup tiré une obturation préalable.
Centrage de la balle.	Défectueux, la balle ne portant pas sur les rayures.	Très-défectueux, la balle ne portant pas sur les rayures, mais reposant, en vertu de son poids, sur la paroi inférieure de la chambre de chargement.	Parfait, la balle étant forcée sur les rayures et la partie postérieure de la cartouche étant, par le dard de la tête mobile, toujours dans l'axe du canon.
Vitesse initiale.	Très-grande, mais amortie par le choc de la balle au départ.	Inférieure, les gaz de la poudre se perdant inutilement par les crachements, le choc de la balle au départ existant aussi dans les armes utilisant ces cartouches.	Supérieure, vu l'absence de crachements et de tout choc au départ.
Propreté du canon.	Laissant beaucoup à désirer.	Convenable, mais diminuant à chaque coup tiré.	Exemplaire, chaque cartouche tirée nettoyant le canon des résidus laissés par la combustion de la cartouche précédente.
Justesse de tir.	Assez bonne ; dépendant du crachement, du centrage de la balle, de la vitesse initiale et de la propreté du canon.	Moins bonne et irrégulière par suite des crachements dont l'intensité est variable.	Supérieure, car il y a absence de crachement, centrage parfait de la balle, nul choc au départ et canon toujours propre.
Solidité de la cartouche.	Très-défectueuse.	Parfaite en apparence, mais sujette à bossellement.	Ne laissant rien à désirer.
Facilité de fabrication.	Faisable en tous lieux, mais avec beaucoup de soin et de lenteur.	Ne pouvant se fabriquer que dans des ateliers spéciaux et avec le concours de machines ; fabrication assez prompte.	Pouvant se fabriquer partout, très-rapidement, après un apprentissage insignifiant.
Prix de revient.	Assez coûteux, par suite de l'enveloppe de soie et de la lenteur de fabrication.	Très-coûteux, à cause de l'outillage et de la douille de cuivre.	Très-faible, l'enveloppe étant en coton et la fabrication de la cartouche très-rapide.
Poids de 90 cartouches.	3 kilogr. 085.	4 kilogr. 180.	2 kilogr. 900.

CONCLUSION.

A tous les points de vue la cartouche Callebaut à étui-chassé présente une supériorité évidente sur tous les autres systèmes de cartouches.

Paris. — Impr. Paul Dupont, rue J.-J. Rousseau, 41 (Hôtel des Fermes).

www.ingramcontent.com/pod-product-compliance
Ingram Content Group UK Ltd.
Pitfield, Milton Keynes, MK11 3LW, UK
UKHW021026200726
13857UKWH00004B/1605